AF249764

NOTICE

SUR

L'EAU GAZEUSE

ALCALINE ET FERRUGINEUSE

DE SOULZBACH, près COLMAR

(HAUT-RHIN).

COLMAR

IMPRIMERIE ET LITHOGRAPHIE DE CAMILLE DECKER.

1860.

INTRODUCTION

—

Soulzbach est une petite ville du département du Haut-Rhin, située à l'entrée d'un vallon latéral de la grande et belle vallée de Munster, à 14 kilomètres ouest de Colmar.

L'eau de Soulzbach appartient à la catégorie des *eaux acidules gazeuses, alcalines et ferrugineuses :* sa richesse en principes minéralisateurs, son efficacité reconnue contre de nombreuses affections, son goût agréable, la propriété dont elle jouit de se transporter et de se conserver parfaitement, enfin la modicité de son prix, en font incontestablement une des eaux minérales de France les plus précieuses et les plus recommandables. Aussi jouit-elle depuis fort longtemps, surtout en Alsace, d'une réputation justement acquise par les belles et nombreuses cures qui lui sont dues.

—◇◇—

I. Propriétés physiques.

La source de Soulzbach, découverte en 1603, a été l'objet d'un grand nombre de descriptions et d'analyses dont la première remonte déjà à 1616.

Elle jaillit au pied d'un mamelon de terre glaise (bouc glaciaire), au-dessous duquel est une couche très-compacte d'un conglomérat granitique cimenté par de l'*hydrate de protoxide de fer.*

L'eau de Soulzbach est *très-gazeuse :* quand on vient de la puiser, elle laisse échapper en petillant une grande quantité de bulles de gaz : elle en conserve une grande proportion qu'elle ne perd pas même par la chaleur, puisque dans le bain encore, le corps se recouvre de bulles de gaz qui remontent peu à peu pour éclater à la surface de l'eau.

Elle est d'une *limpidité parfaite* en toute saison et quelque temps qu'il fasse.

Sa *saveur* est *acidule, fraîche, piquante* et très-légèrement *ferrugineuse.*

Sa *réaction* est franchement alcaline.

Elle n'a aucune *odeur.*

Température constante $= +\ 10^{\circ},5$ centigrades.

Densité $= 1,002105.$

Les parois du bassin de la source se recouvrent d'un dépôt rouge ferrugineux.

Cette eau ne se trouble jamais et ne dépose pas dans les vases qui la renferment : elle supporte parfaitement le transport et se conserve pendant des années fraîche et intacte.

II. Composition chimique.

L'analyse la plus récente et la plus complète est due à M. le professeur Oppermann, directeur de l'Ecole de pharmacie de Strasbourg. Nous n'en donnons que le résumé, en renvoyant pour plus de détails au travail remarquable et consciencieux de cet éminent chimiste [1].

L'eau de Soulzbach contient pour *un litre* :

	grammes.
Sulfate potassique	0,114707
— sodique	0,009293
Chlorure sodique	0,134256
Carbonate sodique	0,650464
— lithique	0,004928
— calcique	0,484750
— magnésique	0,176749
— ferreux	0,023200
Alumine	0,006250
Silice	0,056712
Traces d'acide phosphorique.	
— — borique.	
— — arsénique.	
— d'oxide stannique.	
— — manganeux.	
Sommes des substances fixes	1,661309
Acide carbonique libre	2,630103
En vol. à + 10°,5° = lit.	1,789

[1] Analyse de l'Eau minérale de Soulzbach, par Ch. Oppermann. (Mémoires de la Société d'histoire naturelle de Strasbourg, 1853.)

DÉPOT OCRACÉ.

M. le professeur Oppermann a également analysé le dépôt ocracé des parois du bassin. Ce dépôt est rouge-brun et composé de :

       Sable siliceux ;
       Sulfures d'arsénic et d'étain ;
       Sulfide arsénieux ;
       Arséniate ammoniaco-magnésien ;
       Acide arsénique et oxyde ferrique

dans le rapport de 14 d'*acide arsénique* pour 100 d'*oxide ferrique* ou sur un gramme :

       Oxide ferrique 0,4500
       Acide arsénique 0,0333

III. Mode d'action et propriétés thérapeutiques.

Chacun sait aujourd'hui qu'une eau minérale est un composé homogène formé par la nature, dont les vertus ne dépendent pas seulement de tel ou tel de ses principes constituants, mais bien de leur combinaison intime et surtout de cette essence inconnue et naturelle que les réactifs ne peuvent reconnaître et qu'il est impossible de reproduire dans les préparations artificielles.

Toutefois l'action des eaux résulte principalement de leurs éléments minéralisateurs, et par suite ce sont ces éléments qui font ranger chaque Eau dans une catégorie distincte.

Nous venons d'établir que l'*Eau de Soulzbach* est à la fois *gazeuse*, *alcaline* et *ferrugineuse ;* ce triple caractère, nous le retrouvons également, et de la manière la mieux dessinée, dans son *action physiologique et médicale.*

1° Comme *Eau gazeuse* elle occupe un des premiers rangs par sa richesse en *acide carbonique.*

L'usage des eaux gazeuses tend de plus en plus à se généraliser. Il y a peu d'années encore, elles semblaient être du domaine exclusif de la médecine : aujourd'hui, l'hygiène s'en est emparée, et elles figurent presque sur toutes les tables comme *boisson hygiénique ou d'agrément.* Bue aux repas, pure ou mêlée au vin, l'eau de Soulzbach constitue un excellent digestif ; associée à des sirops ou limonades, c'est la meilleure boisson rafraîchissante. Elle convient surtout à ces organisations débilitées par une contention d'esprit habituelle, des veilles prolongées, un mauvais régime et cette vie énervante des salons qui imprime à l'habitant des grandes villes un cachet caractéristique.

Mais quelle différence pour la saveur et le but hygiénique entre les eaux gazeuses naturelles et les préparations artificielles si généralement employées ! Ces dernières ne sont que de simples dissolutions où l'*acide carbonique* maintenu par compression, n'est pas combiné à l'eau et s'en dégage brusquement dès qu'il n'est plus soumis à la force qui l'emprisonnait ; elles ne peuvent donc que fort peu aider à la digestion, tandis que l'*eau naturelle* où le gaz et les autres principes minéralisateurs sont intimement combinés, a une action lente et continue, stimule doucement les muqueuses gastriques et intestinales, s'absorbe complètement, et modifie ainsi de la manière la plus heureuse les secrétions et la vitalité.

De toutes les eaux gazeuses, celle de *Soulzbach* a le plus d'analogie avec l'*eau de Seltz naturelle,* si justement renommée ; elle a sur cette dernière l'avantage d'être livrée toujours fraîche puisqu'elle s'expédie en 2 jours à Paris, et de plus, d'être d'un prix moins élevé.

2° *Le fer* renfermé dans les eaux minérales agit comme reconstitutif du sang et est le seul spécifique contre toutes les maladies produites par l'appauvrissement de ce liquide. C'est à l'état soluble qu'il agit le mieux : Or, le fer que contient l'*eau de Soulzbach,* se trouvant dissout dans une énorme proportion d'*acide carbonique,* la rend plus facile à digérer que les eaux ferrugineuses non gazeuses. A ce titre, elle se place à côté de *Spa, Pyrmont, Griesbach,* etc. Elle convient spécialement aux personnes délicates, nerveuses, dont les voies digestives sont très-irritables et qui ne supportent pas des eaux plus chargées en fer, mais moins riches en gaz.

3° Comme *Eau alcaline,* elle est un succédané de *Vichy, Ems, Contrexeville,* qu'elle peut remplacer avantageusement dans beaucoup de cas où la quantité de *bicarbonate de soude* que renferment ces dernières eaux serait trop forte et mal supportée.

4° Enfin, on sait que l'*arsenic* récemment découvert dans plusieurs eaux minérales très-importantes, telles que *Bourbonne, Plombières, Wiesbaden,* etc., jouit de vertus curatives très-énergiques, et que c'est en partie à ce principe que sont dues les propriétés qui ont fondé depuis des siècles la réputation de ces eaux.

IV. Mode d'administration.

L'eau de Soulzbach s'administre sous plusieurs formes :
1° à l'intérieur, *en boisson*, soit à domicile, soit à la source
même. A l'établissement, on boit l'eau le matin à la dose
de 2 à 6 verres, plus 2 à 4 verres dans l'après-midi.
Selon l'état de l'estomac et les indications spéciales, on
la prend pure, tempérée au bain-marie, ou mélangée
d'un peu de lait chaud ou d'un sirop médicamenteux.

Après quelques jours de son usage, il y a de légers
symptômes d'excitation qui se terminent par des crises
caractérisées par de fortes transpirations, des selles fré-
quentes, ou des urines abondantes et alcalines ; puis les
fonctions s'exécutent avec plus d'ensemble, l'organisme
se trouve comme régénéré et l'on éprouve bientôt un
sentiment de vigueur et de bien-être marqué.

2° *Les bains* sont d'une grande utilité pour le traitement de certaines maladies des voies digestives et urinaires, et un adjuvant précieux pour d'autres, en empê-
chant la constipation qui accompagne fréquemment
l'usage des préparations ferrugineuses.

3° Localement, cette eau s'emploie en *injections* (leucorrhée), *lavements* (diarrhée chronique), *douches* (névral-
gies), en *lotions* et *applications* (plaies, contusions,
engorgements, etc.).

4° Enfin, depuis peu de temps, et à l'exemple de ce
qui se pratique à *Louèche*, on emploie comme topique le

sédiment ou *dépôt ferrugineux* de la source. Cette médication a fourni d'excellents résultats pour le pansement des *plaies atoniques* et surtout des *ulcères rebelles* qui font souvent le désespoir du malade et du médecin.

Ce dépôt desséché et renfermé dans des flacons bien bouchés, se conserve très-longtemps et s'emploie en le délayant avec un peu d'eau minérale fraîche.

V. Indications et contre-indications.

D'après l'étude de ses propriétés physiques et chimiques, et surtout d'après les observations des médecins qui envoient chaque année de nombreux malades à Soultzbach, cette eau jouit de propriétés curatives très-remarquables pour un très-grand nombre de maladies dont nous nous bornerons à donner une courte énumération :

Maladies du sang. — Nous mentionnerons en première ligne : la *chlorose* ou *pâles couleurs,* l'*anémie* et le *lymphatisme* ainsi que les troubles nerveux et fonctionnels si variés qui accompagnent ces affections.

Les *scrofules* et le *rachitisme,* même chez les enfants pour lesquels le traitement doit être réglé d'après l'âge et la constitution.

Maladies des organes digestifs. — Toutes les affections nerveuses de cet appareil : *dyspepsie, cardialgie, pyrosis, vomissements nerveux* ou *sympathiques,* etc.

Les *irritations chroniques* de ces organes : *flatuosités, gastrite, entérite* et *diarrhée chroniques.*

L'affaiblissement des voies digestives par suite de maladies graves : ici l'eau agit comme tonique et astringent et imprime une nouvelle vigueur à la muqueuse gastro-intestinale.

Les *engorgements des vicères abdominaux,* du *foie,* de la *rate,* des *glandes mésentériques.*

Maladies des organcs respiratoires. — Le *catarrhe pulmonaire,* les *bronchite, laryngite et angine* chroniques sont combattus avec succès, surtout par l'emploi de l'eau coupée avec du lait de chèvre chaud.

La *phtysie* au début peut également être modifiée très-avantageusement.

Maladies du cœur. — Contre-indication formelle pour les maladies organiques du cœur; mais les nombreux *troubles nerveux* de cet organe trouvent un soulagement rapide.

Maladies des organes de la reproduction. — *Leucorrhée, aménorrhée, dysménorrhée, engorgements utérins* et *ulcérations du col.*

En guérissant ces affections, l'Eau de Soulzbach combat la tendance aux avortements et la *stérilité* (¹).

Maladies des voies urinaires. — Par la *bicarbonate de soude* qu'elle renferme, cette eau combat avec succès le *catarrhe de la vessie,* la *gravelle, certains calculs;* par ses propriétés astringentes, les *gonorrhées* et *ulcérations de l'urètre.*

Maladies nerveuses. — Toutes les affections nerveuses liées à la chlorose, l'*hystérie,* la *migraine, etc.*

L'*hypocondrie,* la *mélancolie* et la *lypémanie* mêmes

(¹) Cette vertu est si généralement reconnue dans le pays qu'il est d'usage de dire que c'est à Soulzbach que les mères vont chercher les petits enfants, passent pour pouvoir se guérir à Soulzbach ; quelques cas remarquables de succès ont donné dans le pays un certain poids à cette assertion.

Maladies des organes du sens. — Inflammations chroniques de la peau, des *yeux* et des *oreilles,* d'origine lymphatique ou scrofuleuse.

La *fièvre intermittente* et les *engorgements consécutifs* à l'intoxication paludéenne cédent à *l'eau bue à la source* et aux bonnes conditions hygiéniques et climatériques qu'on trouve aux bains de Soulzbach.

Maladies externes. — Les *plaies* et *contusions* récentes ou anciennes guérissent rapidement par les fomentations d'eau minérale et l'application du sédiment de la source. Ce dernier et nouveau mode de traitement dont nous avons déjà parlé à la page 9, produit des résultats inespérés dans le traitement si long et si difficile des *ulcères de la jambe, simples ou variqueux.*

Contre-indications :

La pléthore.

Les apoplexies ou congestions actives.

Les maladies organiques du cœur.

La phthysie confirmée.

VI. Emploi de l'Eau de Soulzbach à domicile.

L'eau de Soulzbach ne perdant aucune de ses propriétés même par un long transport, peut s'employer loin de la source :

1° *Comme traitement*, pour un grand nombre des affections mentionnées plus haut, surtout la *chlorose*, les *gastralgies*, la *leucorrhée*, les *catarrhes divers*, la *diarrhée chronique*, les *plaies anciennes* et *ulcères*.

2° *Comme adjuvant*, d'un autre traitement plus énergique.

3° Comme *boisson rafraîchissante et tempérante* dans le cours de certaines maladies : la *fièvre typhoïde*, les *fièvres éruptives*, etc.

4° Comme *boisson tonique* dans la convalescence de toutes les longues maladies.

5° Enfin simplement comme *boisson hygiénique* ou *d'agrément*.

VII. Établissement des bains à Soulzbach.

Soulzbach, situé à l'entrée d'un vallon abrité contre les vents, offre tous les avantages de la montagne sans être exposé aux brouillards et aux brusques changements de température qui rendent parfois le séjour de celle-ci dangereux pour les malades. Cette excellente position topographique permet de commencer la saison des eaux dès le 15 mai et de la prolonger jusqu'au 15 octobre. L'établissement des bains vient d'être complétement réorganisé, et tout y a été disposé avec soin pour l'hygiène et le bien-être des baigneurs. C'est une jolie maison de campagne, entourée de jardins spacieux et encadrée de magnifiques forêts de sapins; l'on n'y rencontre ni le luxe ni les distractions bruyantes des grands établissements thermaux, mais on y trouve toujours des soins empressés, de bonnes conditions hygiéniques, et la jouissance d'une belle nature jointe à toutes les exigences du bien-être matériel.

Quant aux environs de Soulzbach, il y a assurément peu de contrées aussi belles et aussi intéressantes; la nature, on le dirait, s'est plu à combler de ses richesses ce petit coin de terre. Tantôt riants, tantôt sévères et grandioses, les sites des montagnes environnantes offrent au touriste les jouissances les plus vives. Le géologue et le botaniste ne trouveront nulle part de plus riche moisson ; l'un rencontre partout de nombreux et curieux documents pour l'étude de certaines périodes de notre globe; l'autre, dans un rayon très-restreint, recueillera toutes les séries des plantes de l'Alsace depuis la flore de la plaine basse jusqu'à la magnifique flore alpestre des hautes Vosges. Enfin l'historien et l'antiquaire trouveront un vaste champ d'études et d'exploration dans ces vieux châteaux, pèlerinages, ruines de couvents et d'abbayes qui couronnent de tous côtés les sommités de nos montagnes (¹).

(¹) Voyez surtout *pour la botanique :* Kirschleger, flore d'Alsace, tome 3 (guide du botaniste-herborisateur), Strasbourg, 1860.

Pour la géologie : Colomb : Preuves de l'existence d'anciens glaciers dans les vallées des Vosges, Paris, 1847. ·

Pour la partie descriptive et historique : Rothmüller, Vues pittoresques de l'Alsace, Colmar, 1839.

Levrault, Musée pittoresque et historique de l'Alsace, Colmar, 1859.

VIII. Bibliographie.

« Si le nombre et la position scientifique des auteurs
« qui ont écrit sur une source, prouvaient son impor-
« tance thérapeutique, il en est peu qui puissent reven-
« diquer cette célébrité plus que Soulzbach. En effet,
« depuis sa découverte (1603) jusqu'à nos jours, 19 au-
« teurs s'en sont occupés au point de vue thérapeutique
« et chimique ([1]). »

Ces ouvrages sont énumérés dans l'excellente notice
que M. le docteur Robert, de Strasbourg, a publiée sur
les eaux de Soulzbach. Nous ne pouvons mieux faire que
de renvoyer à ce travail consciencieux et complet pour
beaucoup de points importants que le cadre restreint de
cet aperçu ne nous a pas permis de développer plus
longuement.

IX. Renseignements divers.

Sur un rapport favorable de l'Académie impériale de
médecine, l'exploitation de la source a été légalement
autorisée par décret du 28 septembre 1854.

([1]) Notice sur les Eaux de Soulzbach, par le docteur Aimé Robert, de Strasbourg. — Colmar, 1853.

Guide du médecin et du touriste aux bains de la vallée du Rhin, des Vosges et
de la Forêt-Noire, par le docteur Aimé Robert, Strasbourg, 1857.

Un médecin-inspecteur est attaché à l'établissement des bains.

Communications par le chemin de fer de l'Est, station de Colmar, où l'on trouve des diligences correspondant avec l'arrivée et le départ des convois.

L'embouteillage et l'expédition de l'eau minérale se font avec le plus grand soin. Les bouteilles dont les bouchons sont ficelés et cachetés, portent le cachet de l'établissement (*Eau minérale de Soulzbach*) imprimé sur le verre.

www.ingramcontent.com/pod-product-compliance
Lightning Source LLC
LaVergne TN
LVHW050436060726
842526LV00007B/2623